AF596475

JUGEMENS PRINCIPAUX

PORTÉS

SUR L'APERÇU DE NOS MÉMOIRES,

PAR

M. LE C^TE LANJUINAIS, M. LE B^ON CUVIER,

ET DIVERS JOURNAUX PÉRIODIQUES ;

ARTICLES

CONTENANT DES DÉTAILS SUR LE TEMPLE DE DENDERAH,

ET SUR L'ENLÈVEMENT DE SON PLANISPHÈRE.

PARIS. — 1821.

RÉIMPRIMÉS ET ANNOTÉS EN 1835.

ÉPERNAY, IMPRIMERIE DE WARIN-THIERRY ET FILS.

AVERTISSEMENT.

C'est par ce que nous voulons que nos *Illustrations* renferment, tout ce qui tient à la grande question de *l'âge des Zodiaques*, que nous donnons, ici, les divers Morceaux que l'on va lire, et auxquels nous regrettons, vu leur grande étendue, de ne pouvoir joindre les pages savantes, où M. le baron Cuvier, dans son célèbre *Discours sur les Révolutions de la surface du Globe*, a bien voulu nous citer (1) : mais cet éloquent discours est entre les mains de tous les hommes d'un esprit élevé, les seuls auxquels cette complète discussion des Zodiaques est destinée.

Nous nous bornons donc à leur offrir :

1° Un article fort court mais excellent, du savant et courageux Comte Lanjuinais, le seul de l'Académie des Belles-Lettres, qui, dépouillant tout petit calcul et toute jalousie, nous montra un intérêt réel, en diverses circonstances, et même fort peu avant sa mort.

Cet article est tiré de la *Revue encyclopédique*, qui ne l'inséra sans doute, que par respect pour le nom et la haute science de M. Lanjuinais.

2° Un article assez développé, inséré dans le journal intitulé l'*Ami de la religion*, article savant mais fort clair, qu'on lira avec intérêt, et qui est digne de tout le mérite, de M. Picot, honorable et modeste Rédacteur de ce Journal utile et estimé.

(1) Voyez, 6e Edition in 8°, chez E. d'Ocagne, 1830, Paris, les pages 234, 243, 269, 276, et les p. 273, 274, où M. *Cuvier* admet toute notre Théorie ; tandis que p. 243, il cite nos mémoires encore inédits, pour fixer l'âge des *Pouranas* des Hindous.

3° Un fragment d'un très-bon article, inseré dans la QUOTIDIENNE, en 1821, et que nous eussions donné en entier, s'il n'eût renfermé des opinions trop flatteuses à notre égard.

4° Enfin, un des éloquens articles publiés à l'occasion de la 2e édition du GRAND OUVRAGE SUR L'EGYPTE, donnée chez Panckoucke, et faits par M. AIMÉ-MARTIN, alors professeur d'histoire et de littérature à l'Ecole Royale Polytechnique.

Dans ce savant et piquant morceau, où il traite spécialement du Temple de *Dendérah* et de ses Zodiaques, ce spirituel ami du célèbre M. DE LAMARTINE, nous donne des éloges, dont nous n'étions pas digne, sans doute, et, choisissant le *Journal des Débats*, confié alors aux Malte-Brun, aux Félez, et à des hommes du plus haut mérite, il y annonce l'Opuscule que nous avions publié en 1821; il y sollicite l'impression entière de nos Mémoires; il en signale enfin l'intérêt, pour la défense de la Bible, et de l'ordre social dont la Religion est la base la plus certaine.

Un article aussi développé, aussi bien fait, aurait dû être inséré dans le *Journal des Savans*, ou du moins être indiqué par ce Recueil sérieux, imprimé aux frais de l'Etat; mais depuis long-temps ce journal utile, dirigé par M. Daunou dont les opinions sont connues, est le monopole de quelques académiciens, qui ne permettent pas que d'autres noms y retentissent que les leurs, et qui ne veulent pas que d'autres doctrines que celles qu'ils ont, y soient exposées: et, sauf les articles profonds et consciencieux de MM. le baron de Sacy, Raoul-Rochette, et Raynouard, on y cherche vainement cette noble indépendance, cet amour du bien et de la vérité, qui seul devrait animer ceux qui sont parvenus à la fortune et à tous les honneurs littéraires.

Nous ne pouvons donc offrir de Jugement, extrait de ce Recueil savant. C'est à peine même, si le nom de nos écrits, y a été inséré, dans la liste des annonces; mais nous nous en décourageons fort peu, et nous en appelons au public et à l'impartiale postérité.

JUGEMENS PRINCIPAUX

PORTÉS

SUR L'APERÇU DE NOS MÉMOIRES,

APERÇU PUBLIÉ PAR NOUS EN 1821 (1).

ARTICLE DE M. LE COMTE LANJUINAIS,

PAIR DE FRANCE,

INSÉRÉ DANS LA *REVUE ENCYCLOPÉDIQUE*, P. 382, IIe VOLUME, 30e LIVRAISON, AOÛT 1821;

Sur le Rapport de M. le Ch[er] DELAMBRE, Secrétaire perpétuel de l'Académie des Sciences, relatif aux Mémoires, lus à cette Académie, par M. DE PARAVEY, membre du corps royal du Génie des Ponts-et Chaussées.

Tous les hommes lettrés, connaissent la grande question de l'origine des Zodiaques, liée à celle de l'origine et de l'histoire du genre humain; question sur laquelle on trouve d'un côté la Bible, Pline, Newton, Leibnitz, Bossuet, l'abbé Testa, Lalande, Larcher, Visconti, Delambre, Cuvier, etc.; de l'autre, Dupuis, Volney, Fourier, Grobert, Francœur, Remi-Raige, Jomard. etc. Les mémoires de M. de Paravey sont à l'appui de la chronologie religieuse adoptée jusqu'à présent. L'auteur en a lu des fragmens à l'académie des Sciences et à l'académie des Belles-Lettres; ces deux compagnies ont applaudi à ses recherches laborieuses, et l'ont encouragé dans son entreprise. La brochure que nous annonçons, et par laquelle M. de Paravey prélude à la publication de *ses importans mémoires*, a trois parties; l'INTRODUCTION, un APERÇU des mémoires, et le RAPPORT fait sur ces mé-

(1) Paris, BÉLIN, in-8°, 1821 : APERÇU, joint au RAPPORT DE M. DELAMBRE et publié aussi isolément, et, en 1822, joint à nos Nouvelles Considérations sur le Planisphère de Denderah. (P.)

moires, en février dernier, à l'académie des Sciences, par MM. Delambre, Cuvier et Ampère. Dans l'INTRODUCTION, M. de Paravey expose l'état de la question relative à l'antiquité des monumens astronomiques découverts en Egypte. Dans l'APERÇU, il fait connaître les rapports singuliers qui existent entre ces monumens et les Constellations de la haute Asie; il prouve que les Constellations de tous les peuples dérivent d'une seule et même sphère, et soutient, d'après une multitude de rapprochemens *nouveaux et remarquables*, que les Zodiaques rapportés d'Egypte ne marquent pas une époque antérieure à celle des Ptolémées. *Cette brochure est d'un grand intérêt, et fera désirer à toutes les personnes éclairées la continuation des Mémoires de M. de Paravey.*

EXTRAIT DE *L'AMI DE LA RELIGION.*

TOME XXIX, N° 726. 29 AOUT 1821.

ARTICLE SUR LES ZODIAQUES D'ÉGYPTE.

L'on fit grand bruit, il y a vingt ans, de Zodiaques trouvés en Egypte, et par lesquels Dupuis prétendit prouver la fausseté de la chronologie de Moïse. Plusieurs savans français et italiens examinèrent avec soin cette découverte, et arrivèrent à une conclusion toute différente. On a entr'autres sur ce sujet une dissertation d'un prélat romain, M. Testa; dissertation traduite en français par M. Gaultier de Claubry, alors employé dans nos armées : nous en avons rendu compte dans les *Mélanges de philosophie*, tome II. Aujourd'hui cette question vient d'être examinée de nouveau par un jeune savant, M. de Paravey, ingénieur des ponts-et-chaussées, et sous-inspecteur de l'école royale Polytechnique. Il a composé et soumis à l'ACADÉMIE DES SCIENCES, plusieurs mémoires, et un entr'autres, sur les Zodiaques, dans lequel il examine leur antiquité, et les conséquences qu'on a voulu en tirer. C'est ce mémoire dont nous offrons un extrait. La matière est importante par elle-même, et se rattache à la religion, dont on voulait ébranler l'histoire. Dupuis avait fondé son système sur ce fait, que les équinoxes et les solstices rétrogradent sans cesse dans le Zodiaque. Il supposait que l'Egypte est le pays où le Zodiaque primitif a été créé; ce que Bailly, Lalande et le Gentil sont loin de lui accorder; ces astronomes nient également l'ancienne science astronomique des Egyptiens, et le Gentil, dans les mémoires de l'Académie, a fait voir que tout ce que Dupuis disait de l'Egypte pouvait se dire également du climat de l'Inde. La Vierge avec son épi, dit Dupuis, est le symbole de la moisson; or, la moisson en Egypte s'est toujours faite vers l'équinoxe du printems; et cependant du temps d'Hipparque, lorsque le soleil atteignait l'épi, c'était l'équinoxe d'automne qui avait lieu. Donc, concluait l'auteur de l'*Origine de tous les Cultes*, il y avait déjà eu une rétrogradation de six mois ou de six signes, et il essaie de le prouver également par les symboles de tous les autres mois.

Cette théorie conduisait Dupuis à admettre pour le monde une antiquité de douze à quinze mille ans, ce qui lui donnait l'avantage précieux, pour un incrédule de profession, de contredire la Genèse, et même d'en renverser entièrement la Chronologie : mais il est facile de rétorquer tout ce système; et Dupuis l'avait senti, et en avait même fourni les moyens, en avouant que l'on pouvait tout aussi bien faire accorder les noms des signes avec les phénomènes du climat d'Egypte, par la supposition fort naturelle que ces signes avaient tiré leurs noms des lieux où était la pleine lune, toujours éloignée de six signes du lieu du soleil dans le zodiaque. C'est ce que font encore les Indiens; et M. Ampère de l'académie des Sciences, ne croit pas que les signes du zodiaque aient reçu leurs noms d'une autre manière. En effet, si le soleil a réglé l'année et les moissons, on peut penser que c'est la marche de la lune qui a donné l'idée de la division en mois; le nom même de mois, *mensis*, dérive de *men*, la lune, et il était naturel de donner aux mois et aux constellations que la lune occupait alors, le nom et la figure des travaux de la terre à cette époque.

Mais lors même qu'on accorderait l'autre système que Dupuis a suivi, on expliquerait tout aussi facilement les noms donnés aux constellations, même pour le climat de l'Egypte, et sans sortir des temps historiques; car qui a dit à Dupuis que l'homme du Verseau, épanchant un vase, soit plutôt l'emblême du Nil se débordant, que celui d'un homme arrosant ses terres alors brûlées par le soleil? Les Arabes peignent pour le *Verseau* un homme, puisant de l'eau dans un puits; certes, on ne trouve pas là l'image d'un fleuve débordé. Il en est de même pour l'*épi de la Vierge;* si le blé et l'orge se récoltent dans le printems en Egypte, le maïs et le sorgho, autre millet très-cultivé, se récoltent à la fin d'août, c'est-à-dire, quand le soleil était dans la Vierge, au temps d'Hipparque et avant lui.

Le *Cancer*, placé au solstice d'été, est la marque la plus naturelle de la rétrogradation du soleil, qui le fait descendre sans cesse dès qu'il a atteint ce point; et le *Capricorne* au solstice d'hiver, comme cela avait lieu dès le temps de Moïse, peint aussi bien cet astre qui va remonter vers notre tropique, que le soleil déjà arrivé au sommet de sa course, au solstice d'été. Or, tout cela avait lieu quand le soleil se trouvait comme il est placé dans la sphère des Argonautes, qu'Eudoxe a décrite, et qui remonte à douze ou quinze cents ans au plus, avant notre ère. Par ces explications, qui peuvent se donner aussi naturellement pour tous les autres signes du Zodiaque, le système de Dupuis se trouve donc anéanti; aussi ne compte-t-il pas d'approbateur à l'*académie des Inscriptions;* et dans l'*académie des Sciences*, il a été abandonné par *M. Fourier*, qui l'avait adopté, et qui se restreint aujourd'hui à une antiquité de deux mille cinq cents ans avant notre ère; ce qui ne laisse pas de faire une variation assez considérable. Ce système a d'ailleurs été réfuté par des considérations d'une autre nature, dans l'*Histoire de l'Astronomie moderne*, par Bailly, Tome III.

Si de cet examen général de système, nous passons aux Zodiaques découverts à *Esné* et à *Dendérah*, nous y trouverons de nouveaux motifs de suspecter leur antiquité. Ceux qui ont dessiné ces Zodiaques nous apprennent eux-mêmes qu'ils se trouvaient dans des Temples d'une parfaite conservation, malgré les ravages auxquels l'Egypte a été si souvent en proie. Mais cette conservation ne pourrait-elle pas faire douter de la haute antiquité, et des Temples et des monumens? M. Visconti, à *Dendérah*, a reconnu le ciseau des Grecs, et son opinion est d'un grand poids en de telles matières; *Esné* paraît plus ancien, mais on peut apprécier cette antiquité.

Qu'offrent en effet ces quatre monumens dont un seul représente le ciel en son entier; savoir, le Planisphère de Dendérah, ou le Zodiaque circulaire? Tous, excepté un, nous montrent la *Vierge* commençant la marche des signes; et comme les douze signes sont divisés en deux séries, de six chacun, la *Vierge* commence une de ces séries, et les *Poissons* l'autre. Dans le petit Zodiaque d'Esné, comme dans le Planisphère de Dendérah, on trouve en avant des Poissons une figure à deux têtes, un véritable Janus. Or, Janus a toujours indiqué l'ouverture de l'année, et l'indique encore parmi les vingt-sept Constellations propres aux Hindous. Les *Poissons* ouvraient donc l'année égyptienne, ou au moins la première moitié de l'année, et la *Vierge* ouvrait la seconde. Mais de ce que l'été s'ouvrait par les Poissons et l'hiver par la Vierge, s'ensuit-il que les solstices tombaient dans la Vierge et les Poissons? ce qui donnerait une antiquité de plus de six mille ans avant notre ère. M. de Paravey nie, et soutient que l'année civile des anciens peuples commençait sur presque toute la terre, au point intermédiaire entre le solstice et l'équinoxe; de telle sorte que l'équinoxe du printems se trouvait au milieu des trois mois de cette saison, le solstice d'été, au milieu des trois mois de l'été, et ainsi de suite.

C'est la division qu'indique saint Isidore de Séville, et que M. Delambre admet comme la plus naturelle. C'est celle que suivent encore les peuples de la Haute-Asie ou de la Chine; c'est celle qu'ont suivie toute l'antiquité, et les Romains eux-mêmes qui, dans leur ancien calendrier, commençaient l'année le 22 février, c'est-à-dire plus d'un mois avant l'équinoxe.

Cet usage universel de commencer les saisons et l'année elle-même, quarante-cinq jours, ou un signe et demi avant les équinoxes et solstices, expliquerait, dit M. de Paravey, comment il se fait que, sur quatre zodiaques égyptiens, tous, excepté le plus moderne (le grand zodiaque de Dendérah), offrent leurs divisions dans les signes du *Bélier*, du *Cancer*, de la *Balance* et du *Capricorne :* l'origine des quatre saisons était donc à quarante-cinq degrés avant ces quatre points, c'est-à-dire dans le premier degré des *Poissons*, des *Gémeaux*, de la *Vierge* et du *Sagittaire*. Les Poissons, précédés de *Janus*, ouvraient le printems, qui, réuni aux trois mois suivans, formait l'été en général; et la Vierge avec son épi ouvrait l'automne et l'hiver. De là, les deux séries de six signes chacun, dans les deux Zodiaque, d'Esné. L'inspection des Zodiaques même dévoile ce mystère, et, si l'on a tant divagué à ce sujet, c'est qu'au lieu de voir dans les premiers signes, des commencemens d'année et de saisons, on a voulu y voir des solstices et des équinoxes, qui sont indiqués d'ailleurs très-clairement : en effet, si à *Esné*, le Bélier n'était pas équinoxial, pourquoi y verrait-on, outre le Bélier du Zodiaque, un Bélier aîlé mis en travers sur les bandes zodiacales ? Pourquoi, si le Cancer n'était pas solsticial, figurerait-il sur le cou d'*Isis*, entre les nœuds d'un serpent, symbole de l'année. Les Zodiaques d'Esné représentent donc, continue M. de Paravey, l'ancien usage de commencer l'année et les quatre saisons dans les points-milieux entre les solstices et les équinoxes : ils ne remontent donc pas à plus de douze cents ans avant notre ère (1), et même, vu l'inexactitude des anciennes mesures, il est probable qu'ils sont plus récens. Trois des quatre Zodiaques ont été trouvés au plafond des portiques d'Esné et de Dendérah, portiques qui pourraient être plus modernes que les Temples eux-mêmes. Tout porte donc à croire que ces monumens ne remontent pas au-delà d'Amasis ou de ses prédécesseurs immédiats. Quant au grand Zodiaque du portique de Dendérah, qui offre le *Verseau* ouvrant une rangée des signes, et le *Lion* l'autre, ce monument qui est fait avec art, et que Dupuis et Lalande ont reconnu comme plus moderne, est postérieur à Hipparque, et date au plus des Ptolémées. Ainsi croule ce système d'antiquité du monde, imaginé par quelques modernes; il obtient de jour en jour moins de sectateurs. Les hypothèses de Bailly et de Volney sont abandonnées.

(1) Nous formions ces suppositions pour les Zodiaques d'*Esné*, dont les Constellations nous frappaient par leur haute antiquité et leur accord avec celles conservées dans la Sphère du Japon et de la Chine, avant que M. Champollion n'eût lu sur ces Temples d'Esné, les noms de l'empereur *Claude*, et même celui de *Commode*, qui régna, on le sait, en l'an 180 de J.-C. Les noms de ces Empereurs, nous ont ramené ensuite à une autre explication, qui consiste à regarder ici, les *Poissons* et la *Vierge*, comme signes équinoxiaux, et par conséquent ouvrant la marche des deux séries de Signes nord et sud, ainsi qu'on le fait encore en ce jour dans l'Inde et en Chine; et cela avait lieu en effet, même avant l'an 180 de notre ère, et déjà, *d'après nos Mémoires*, M. Delambre avait admis cette explication comme plausible, dans son savant Rapport. — Voir, p. 16 à 17 de ce Rapport, inséré ici. (P.)

Il est évident que les anciens n'ont jamais approché de la précision astronomique actuelle ; ils n'avaient point d'instrumens exacts ; leur arithmétique était d'un usage difficile ; on ne leur connaît point de moyen d'obtenir le temps vrai, et leurs meilleures observations, même celles de l'école d'Alexandrie, n'offrent aucune précision. Ils ont pu remuer de grandes masses, mais non former une théorie savante et motivée (1).

Telle est, au moins pour la question des Zodiaques, la substance des Mémoires de M. de Paravey, et le résultat de ses recherches. Ces mémoires ayant été communiqués à l'*académie des Sciences*, M. Delambre a été chargé de les examiner, et il en a fait son rapport à l'Académie le 5 février 1821. Il a parlé avec éloge du travail, de la sagacité et des vues de l'auteur, et il a proposé d'accueillir et de mentionner honorablement son mémoire. Cette proposition a été combattue, dit-on, par quelques membres qui paraissaient fâchés de voir renverser ainsi le système de l'antiquité du monde, non sans doute qu'ils l'adoptent dans le fond, mais peut-être par égard pour ceux qui l'ont soutenu, et par intérêt pour certaines opinions qui se rattachent à ce système. L'opposition a été assez vive pour laisser soupçonner qu'elle prenait sa source dans des motifs étrangers à la science ; elle n'a cessé que quand M. Cuvier a pris la parole. Il s'est étonné qu'on refusât de céder à l'avis d'un académicien aussi instruit que M. Delambre, et qu'on contestât à un mémoire revêtu de son suffrage un honneur que l'Académie accorde si libéralement à des ouvrages bien moins remarquables. Les plus récalcitrans n'ont pas osé se refuser alors, à accueillir le mémoire.

M. de Paravey vient de publier un Aperçu de ses vues, avec un exposé de la question, et le rapport de M. Delambre, qui a été consigné aussi, dans la 16e livraison des *Nouvelles Annales des Voyages*, 2e année, tome VIII. On voit dans ce Rapport, que M. Delambre lui-même, est assez d'avis que la construction des Zodiaques est postérieure à l'époque d'Alexandre, et il la croit

(1) Tout ceci est exprimé d'après M. Delambre, plutôt que d'après M. de Paravey, qui admet au contraire, chez les anciens Egyptiens une science assez étendue, mais écrite en hiéroglyphes, et non comprise par les Grecs. (*P.*)

du temps de l'astronome Ptolémée. Mais on lira aussi avec intérêt, dans l'écrit de M. de Paravey, intitulé : *Etat de la question*, le récit des variations de M. Fourier et autres, sur l'antiquité des Zodiaques.

Dans le commencement, ils regardaient comme constant que ces Zodiaques prouvaient une antiquité de quinze mille ans. Ces idées se trouvent insinuées dans des écrits de MM. Fourier, Francœur, de Savigny, Jomard, et on les a même fait entrer, dans le grand ouvrage publié par le gouvernement, sur l'Egypte. Mais depuis, sur les réclamations de MM. de Sacy, Quatremère, Larcher, Visconti, et d'autres savans, on a un peu rabattu de ces hautes prétentions, et MM. Fourier, Jollois et de Villiers, se réduisent aujourd'hui, à deux mille cinq cents ans avant notre ère. Ce nouveau calcul, si différent de l'ancien, prouve que ces messieurs n'étaient pas très-sûrs de leur fait. Une si grande variation atténue un peu l'autorité de leur témoignage, et, en renversant leur première hypothèse, jette même des nuages sur la seconde.

EXTRAIT DE LA *QUOTIDIENNE*, DU 4e OCTOBRE 1821.

Réflexions sur les objections scientifiques faites contre la Religion.

M. de Paravey, du corps royal du génie, s'occupe en ce moment, de la réfutation des écrits de *Dupuis*, de *Volney*, et des savans de leur Ecole. Il semble que pour détruire leurs singulières erreurs, il suffisait de rapporter les contradictions qui non-seulement les divisaient, mais encore qui mettaient quelquefois un seul d'entr'eux en opposition avec lui-même : car on avait vu M. *Fourier*, abaisser tout à coup de douze mille ans, l'antiquité qu'il donnait d'abord à la Sphère des Egyptiens, et certes, cette incertitude des Philosophes était peu propre à donner à leurs assertions toute l'autorité d'une opinion fondée.

Mais après qu'ils se sont arretés à une époque assez rapprochée, M. de Paravey (pour les Zodiaques de Denderah et d'Esné au moins) veut prouver que cette Epoque est encore trop éloignée, en sorte que si leurs contradictions perpétuelles sont une fâcheuse prévention contre eux, l'examen rigoureux des faits doit achever de ruiner l'édifice que leur science avait péniblement élevé.

Dejà depuis plus de cinq ans, M. de Paravey s'est livré à d'immenses recherches sur les Monumens astronomiques des anciens peuples, et particulièrment sur les Zodiaques d'Egypte. Il a soumis une partie de ses résultats à l'Académie des Sciences et à l'Académie des Inscriptions, et la rumeur qu'ils y ont excitée prouve assez l'importance qu'attachent à des travaux de ce genre, ceux d'entre les savans qui ont quelque peine à se détacher des absurdités astronomiques favorables aux pensées si hautes du matérialisme. D'un autre côté, ce jeune Ingénieur a obtenu des suffrages d'autant plus flatteurs qu'ils lui ont été accordés publiquement, par les Académiciens les plus célèbres, et qui, tels que MM. Delambre et Cuvier, pouvaient paraître les plus étrangers au but principal qu'il s'était proposé. . . . . Aujourd'hui enfin, les noms les plus fameux dans les sciences, viennent prêter leur autorité à l'autorité de la morale. Que les suffrages des gens de bien viennent donc encourager les efforts des savans, qui luttent avec tant de zèle, contre les tentatives du matérialisme, et qui établissent avec tant de succès l'harmonie des traditions religieuses et des monumens des sciences humaines. . . . etc., etc.

EXTRAIT DU *JOURNAL DES DÉBATS*, DU MARDI 1ER OCTOBRE 1821.

ARTICLE, DE M. AIMÉ MARTIN.

Sur LA DESCRIPTION DE L'EGYPTE, ou Recueil des observations et des recherches qui ont été faites en Egypte pendant l'expédition de l'armée française. *Deuxième édition, dédiée au Roi. 74e livraison. Chez Panckoucke, rue des Poitevins.*

ZODIAQUE DE DENDERAH.

L'enlèvement du Zodiaque de Denderah, par un simple particulier, sans titre, sans mission, sans appui, est une de ces entreprises dont l'histoire des arts offre peu d'exemples. C'est une conquête faite dans l'intérêt de la science, et qui mérite d'autant plus d'éloges qu'elle n'a point été achetée par l'effusion du sang humain.

L'expédition de MM. Saulnier et Lelorrain avait un but noble, et promettait des résultats utiles. Il s'agissait de présenter aux méditations des savans un monument, objet des recherches les plus curieuses et des questions les plus importantes. Il s'agissait, en un mot, de conserver et non de détruire, le Zodiaque de Dendérah. Cette page savante de l'histoire du ciel et de l'histoire des hommes, était menacée d'une destruction prochaine, car le Temple déjà à moitié enseveli sous ses propres ruines, ne peut tarder à s'anéantir entièrement.

Cette expédition avantageuse exigeait des sacrifices de tout genre : mais il fallait surtout du courage, de la présence d'esprit et une patience à toute épreuve. Depuis long-temps elle était l'objet des méditations de M. Saulnier; mais des affaires inattendues s'étant opposées à son départ, il en confia l'exécution à M. Lelorrain qui se rendit au Caire en 1821 (1). Tout avait été prévu pour le succès de l'entreprise. Il emportait de Paris des scies de plusieurs dimensions pour détacher le monument du plafond dont il faisait partie; des ciseaux pour en réduire l'épaisseur; des crics pour en soulever la masse, et un traîneau pour le rouler jusqu'au Nil. Arrivé au Caire, il obtint du pacha un *firman* qui l'autorisait à faire des fouilles. Le difficile était d'user de cette permission, car l'Egypte a aussi une *bande noire* qui fait commerce de ses ruines ; elle a envahi l'empire entier de Sésostris, tout jusques aux morts lui appartient; elle en revendique les tristes débris, et de nouveaux explorateurs ne peuvent se présenter sans qu'on leur oppose des ordres antérieurs, afin d'arrêter leurs travaux. M. Lelorrain vit aussitôt combien le secret lui était nécessaire; il cacha donc le but de son voyage, fit plusieurs courses dans la Haute-Egypte, et

(1) Ce fut à la fin de 1820, que partit pour l'Egypte M. Lelorrain : et sans aucun doute, le bruit qu'avait fait à l'Institut, les Mémoires que nous y avions lus, plusieurs mois auparavant, détermina M. Saulnier, adepte zélé de Dupuis et de Volney, à faire enlever en Egypte ce plafond astronomique, par lequel il espérait renverser tous nos travaux, et qu'il nous empêcha de voir tant qu'il fut son principal propriétaire. (*P.*)

profitant du moment où on le croyait sur les bords de la mer Rouge, il se hâta d'exécuter son projet.

Dendérah est un village arabe, situé sur la rive occidentale du Nil, à cent quarante lieues du Caire. La multitude de dattiers qui l'environnent offre l'aspect le plus agréable, et l'ancienne Tyntiris, dont il porte le nom, n'en est éloignée que d'une demi-lieue. Tyntiris était autrefois une des plus grandes villes de l'Egypte, et la capitale d'un de ses *nomes* ou provinces. Hérodote, Diodore, Strabon, qui l'avaient visitée, en parlent avec admiration, et le dernier fait une mention particulière de la splendeur de ses temples. En effet, rien de plus majestueux ne se présente sur cette terre de merveilles. Après avoir franchi péniblement des masses de décombres qui s'accroissent chaque jour, le voyageur fatigué commence à craindre de s'être inutilement enfoncé dans ces déserts. Plein de cette idée, il gravit avec lenteur, jusqu'au sommet d'une colline, et tout à coup il voit rangée à ses pieds six têtes de femme d'une dimension colossale. Son imagination frappée de ces formes extraordinaires ne lui permet pas d'abord de voir autre chose, et lorsqu'enfin revenu de sa première surprise, il a fait encore quelques pas, il reste immobile d'admiration devant un portique immense, dont le plafond semble jeté dans les airs, et au travers duquel brille le Temple qui forme le fond de ce sublime tableau.

De l'aveu de tous les voyageurs, il est impossible d'exprimer les sensations que font éprouver ces figures énormes d'Isis, qui portent l'entablement du portique, ces vingt-quatre colonnes qui soutiennent le temple, et les sculptures hiéroglyphiques qui le couvrent tout entier. On se croit transporté tout à coup dans un lieu de féerie et d'enchantement. La seule vue de ce monument, dit M. Jollois, suffirait pour dédommager des fatigues du plus long voyage ; elle est si imposante qu'elle peut émouvoir les hommes les plus étrangers aux arts, et qu'elle excita l'enthousiasme de l'armée française tout entière. C'était un spectacle singulier que de voir chaque soldat se détourner spontanément de sa route, et parcourir, en poussant des cris de surprise, ces salles, ces portiques, dont les murs racontent toute l'histoire de l'Egypte. On dit même qu'après une longue marche et plusieurs combats, la division du général Desaix arriva un soir à Denderah, et qu'à la vue du grand temple, cette armée, cédant tout à coup au transport d'une sainte admiration, battit des mains à trois reprises (1).

Du côté de l'Est, le temple offre un aspect d'un autre genre. On aperçoit à son sommet une multitude de cabanes qui servent d'habitations aux Arabes. Ainsi, par une de ces révolutions qui renversent les peuples après avoir renversé les Rois, un misérable village domine aujourd'hui le plus magnifique monument de l'ancienne Egypte. Les descendans du peuple de Sésostris voient avec indifférence tomber leurs temples et leurs palais; ils dédaignent de les habiter; et, contens dans leurs pauvres cabanes, ils semblent là, pour attester que tout le reste est inutile.

Il serait impossible de décrire en détail les richesses du temple de Denderah, et les hiéroglyphes qui couvrent ses murailles, et les figures mystérieuses qui en décorent les péristyles. MM. Jollois et de Villiers ont fait de toutes ces merveilles le sujet d'un excellent Mémoire qui se trouve dans le sixième volume de l'ouvrage d'Egypte, et M. Panckoucke s'est empressé de publier ce volume avant le cinquième, pour satisfaire la curiosité des lecteurs. Au nombre de ces merveilles, se trouvait le précieux Zodiaque encadré dans le plafond d'une salle qui fut consacrée aux mystères de l'initiation. Le Zodiaque est formé de deux pierres de grès, et présente une surface de douze pieds de long sur environ huit de large. Son épaisseur était de trois pieds, et il devait peser de cinquante à soixante milliers. C'est cette masse qu'il fallait détacher de son encadrement, et traîner ensuite jusqu'au Nil. Cette dernière opération coûta seize jours, et soixante hommes y furent continuellement employés (2). Elle était à peine terminée, qu'un agent du consul d'Angleterre, muni d'un nouveau firman, voulut s'emparer de la barque et du trésor qu'elle portait. En un moment, M. Lelorrain allait perdre le fruit d'une si longue entreprise! C'en était fait, lorsqu'une inspiration soudaine vint l'éclairer et le

(1) Les dessins de ce monument ont été recueillis dans la collection du grand ouvrage d'Egypte, et quelques-uns sont coloriés.

(2) On peut voir les détails de cette expédition dans la Notice sur le voyage de M. Lelorrain, par M. Saulnier. Un vol. in-8°. Chez l'auteur.

sauver. Il prend un mouchoir, l'attache au bout d'un aviron, et arbore le drapeau blanc : à cette vue, les envoyés s'arrêtent, et la barque, continuant sa route, descend péniblement le Nil sous la protection de la bannière de nos Rois. Arrivée au Caire, le pacha se prononce en faveur des Français ; et, peu de temps après, le Zodiaque traversa les rues de Paris. Dès ce jour, les savans n'eurent plus à craindre l'or de l'Angleterre ; le souverain lui-même daigna se charger de la récompense due à MM. Saulnier et Lelorrain, et le Planisphère, sauvé d'abord par la bannière de France, fut ensuite donné aux Français par la générosité de leur Roi !

Lorsqu'on réfléchit à la multitude de monumens que depuis plus de vingt siècles on ne cesse d'enlever à l'Egypte, à ceux que le temps et les hommes ont effacés du sol, à ceux enfin qu'on y voit encore, on cesse de s'étonner de la prodigieuse puissance de ces anciens législateurs de la terre. Rome s'était enrichie de leurs dépouilles. On ne peut faire un pas dans cette capitale du monde sans y retrouver l'Egypte ; elle est partout, en France, en Angleterre, et ses savans débris sont devenus les trésors de nos Musées. Enfin tous les peuples anciens et modernes l'ont pillée sans pouvoir l'épuiser. Les temples, les palais, les villes désertes, s'y multiplient comme par miracle, et chaque jour de nouvelles découvertes viennent inspirer un nouvel étonnement. Les choses en sont au point que des peuplades entières ont abandonné les travaux de l'agriculture pour se livrer au commerce des ruines de leur pays ; elles ne remuent plus la terre pour lui demander des moissons, mais pour en tirer des bronzes, des cercueils, des momies ; elles nous vendent tout, jusqu'aux cadavres de leurs aïeux ; et, lorsque des Européens élèvent des contestations sur tel ou tel débris, elles s'étonnent qu'on puisse se disputer quelques pierres dans un pays, disent-elles, où il y en a pour tout le monde.

Tant de travaux accablent l'imagination. Le seul aspect des monumens consacrés aux morts a frappé le genre humain de surprise. On dirait que le peuple tout entier ne s'est occupé qu'à bâtir, et que ces nombreuses générations en venant à la vie, n'ont été animées que d'une seule pensée, celle de se préparer des tombeaux !

Il faut conclure de tout ceci que le peuple Égyptien fut évidemment un peuple ouvrier. C'est le caractère de presque tous les peuples anciens. Je ne sais quel nom on donnera aux nations modernes, mais elles laisseront peu de ruines après elles; et lorsque, dans quelques siècles, l'Amérique aura tué ce vieux continent, je ne crois pas que les voyageurs qui viendront le parcourir aient beaucoup de riches débris à se disputer.

Mais je m'aperçois que ces tristes réflexions inspirées par mon sujet, me l'ont fait oublier. Je reviens donc au Zodiaque de Denderah : depuis son arrivée en France, il a été l'objet des recherches les plus importantes, parmi lesquelles on remarque celles de M. Nicolet, secrétaire du bureau des Longitudes, de M. de Saint-Martin, membre de l'Académie des Inscriptions, et de M. de Paravey, officier du génie attaché à l'Ecole royale Polytechnique. L'excellent travail de ce dernier n'est point encore publié; seulement il a été lu à l'Institut, et nous en parlerons dans notre prochain article. Mais, avant d'essayer une tâche si difficile, qu'il nous soit permis d'exprimer le regret que la Commission d'Egypte n'ait pas dessiné la totalité des hiéroglyphes intérieurs et extérieurs du Temple de Denderah. Leur étude aurait jeté un grand jour sur la question de l'antiquité du Zodiaque, car ces sculptures présentent l'histoire continue et complète des phénomènes de la nature qui intéressaient le plus les Egyptiens. On conçoit assez l'importance qu'ils devaient donner à cet objet, puisque l'existence de la nation dépendait des débordemens du Nil, de telle sorte que les inondations du fleuve ne pouvaient cesser sans que l'Egypte ne devînt aussitôt un désert. Sans doute l'intelligence de ces bas-reliefs eût présenté de grandes difficultés, mais il ne faut pas croire qu'elle eût été impossible.

Déjà des savans ont donné l'explication de plusieurs hiéroglyphes. Le célèbre docteur Young, dans le supplément de l'Encyclopédie britannique, imprimé à Edimbourg, donne la clef d'un assez grand nombre de caractères de cette langue mystérieuse. Grâce à ses savantes recherches, nous lisons aujourd'hui le nom des *Ptolémées*, et des anciens Pharaons gravés sur les murs de leurs palais. Quant au nom des Ptolémées, il y a certitude complète, puisqu'il se trouve plusieurs fois dans l'inscription *trilingue* de la pierre de *Rosette*, et qu'on a pu, ligne par ligne, mot par mot, comparer les hiéroglyphes de cette inscription aux phrases de l'inscription grecque, qui en est la traduction fidèle. Ce même nom se retrouve d'ailleurs, avec les épithètes de *chéri de Phtha*, d'*éternellement vivant*, sur une des tables hiéroglyphiques du Musée du Louvre, où on peut le voir. Comme tous les noms de Princes ou de Dieux égyptiens, il est renfermé dans un Cartouche, espèce de cadre arrondi. On y remarque un lion accroupi, et d'autres symboles qui, prononcés à la manière des Coptes modernes, produisen le son de Ptolémée. On sait aussi que ce nom de Ptolémée emporte en grec des idées de guerre et de victoire, dont le lion est l'emblème chez presque tous les peuples. C'est ainsi que la signification des hiéroglyphes doit presque toujours ressortir de la propriété même des objets. Ces observations recevront leur application dans l'article suivant.

IIe ARTICLE SUR LE ZODIAQUE DE DENDERAH.

3 octobre 1822.

Le Zodiaque fut à peine annoncé qu'il devint l'objet des dissertations les plus déplorables. L'impiété crut y trouver un sujet de triomphe, et repoussant soudain la Chronologie de la Bible, elle s'appuya de ce monument pour faire remonter l'origine de la Sphère, à plus de quinze mille ans au-delà de notre ère. Un cri de surprise s'éleva de l'Europe entière. Les savans demandaient des preuves, on eut des Mémoires; ils voulaient un examen approfondi, on entendit des divagations anti-religieuses : le raisonnement prit la place de la raison, les passions parlèrent, et l'absurdité du système en fit le succès. C'est un spectacle digne des regards de l'observateur, que celui de ces hommes soi-disant amis de la sagesse, qui travaillent avec acharnement à détruire leurs titres d'hommes, et qui se réjouissent de l'avilissement où ils se jettent, comme d'une victoire. Leur haine pour la Religion est si grande, qu'elle les fait consentir à toutes les erreurs qui paraissent devoir la détruire. Ils trouvent plus facile de croire le mensonge que la vérité, et de ne rien croire, que de reconnaître une intelligence supérieure à leur intelligence : dans leur aveuglement, ils appellent lumière tout ce qui tend à démoraliser les hommes, et liberté tout ce qui peut leur mettre les armes à la main; ils ont corrompu la langue pour corrompre les cœurs, et affecté de fausses vertus pour détruire les véritables. Tel était le but du sophiste du dix-huitième siècle, tel fut celui du mythologue Dupuis, dans un Ouvrage, où l'erreur et la mauvaise foi s'applaudissent d'avance du mal qu'elles espèrent, et où, sous prétexte d'attaquer la superstition, l'auteur creuse sous nos pas les abîmes de l'impiété.

Son système, d'abord accueilli avec une bienveillante fureur, ne tarda pas cependant à être rejeté; et, s'il était besoin de nous consoler des triomphes de nos adversaires, il suffirait de remarquer combien ils sont passagers. Aussi chancelans dans leurs idées, que nous sommes fermes dans les nôtres, les sophistes finissent toujours par mettre au rang des mensonges les objections dont ils pensaient nous accabler. Qui ne rougirait aujourd'hui d'appuyer l'athéisme des argumens de Lucrèce, de d'Holbach et de Dupuis? Ces argumens ont été remplacés par d'autres, dont le succès ne peut durer davantage, car la vérité est immuable; c'est son caractère essentiel, et le seul que l'erreur ne puisse imiter. Ainsi a disparu le système de Dupuis sur l'origine de la Sphère. Après un examen approfondi, ses prétentions d'antiquité furent tout à coup réduites de douze mille ans; et ses partisans, effrayés de cette première défaite, renoncèrent même à se défendre.

Pour déterminer l'âge précis du Zodiaque, il faut étudier également l'histoire du ciel et celle des hommes, consulter les annales physiques du globe, et remonter à l'origine des langues, des arts et des sciences. Ces études sont sans doute, plus difficiles que des impiétés; leur premier résultat est de faire sentir la nécessité de concilier les dates avec l'histoire du genre humain. Cette idée domine tout, car elle établit d'abord la vraisemblance des faits. Dans le système de Dupuis, par exemple, l y a onze à douze mille ans dont il est impossible de se rendre compte. On lui demande en vain comment une nation qui possédait des connaissances astronomiques assez vastes pour fixer la durée de l'année, et faire coïncider les divisions du ciel avec les travaux de la terre, comment une pareille nation a pu rester cent ou cent cinquante siècles inconnue des autres nations. Car Dupuis, pour soutenir son système, est obligé de supposer l'existence d'un peuple sans passions quoique très-éclairé, sans ambition quoiqu'au faîte de la gloire, sans renommée quoique brillant de tous les prodiges de la science et des arts. Que d'absurdités pour appuyer un mensonge! Quoi! pendant onze mille ans, chez un peuple si savant, si riche, si nombreux, il ne s'est pas trouvé un sage qui ait tenté d'éclairer les peuples voisins! Il ne s'est pas trouvé un conquérant qui ait eu la pensée de les soumettre et de les écraser! Quoi! point de révolutions chez les peuples! point de passions chez les Rois! onze mille ans de repos! Est-ce là l'homme?

Ces réflexions générales décident la question dans son ensemble; examinons-la dans ses détails. Nous avons dit que le docteur Young était parvenu à déchiffrer quelques mots hiéroglyphiques, et entre autres le nom des Ptolémées. Or, ce nom se retrouve dans la plupart des bas-reliefs de Denderah, et en particulier sur un obélisque qui vient d'être transporté en Angleterre, et qui offre une inscription grecque, analogue à l'inscription hiéroglyphique. On a donc la certitude que les Ptolémées, sous lesquels l'Egypte s'élevait au plus haut degré de prospérité, avaient fait graver leurs victoires sur les parties des Temples, restées jusqu'alors sans sculpture. On sait encore qu'ils avaient élevé, agrandi, ou achevé plusieurs de ces Temples : l'Inscription grecque de Rosette l'énonce formellement, et les savantes recherches de MM. Gau et Belzoni en Nubie et en Egypte, viennent encore à l'appui de ce fait. Ainsi tombe l'objection de ceux qui ont voulu appuyer la haute antiquité du Zodiaque, sur les hiéroglyphes dont il est couvert. Non-seulement il est reconnu que, sous la domination des *Lagides*, on se servait encore de ces caractères mystérieux, mais des inscriptions authentiques attestent que, sous les Romains même, des portiques et des portions de temples égyptiens furent élevés, et toujours avec des hiéroglyphes. Il est si vrai, d'ailleurs, que le sens de ces figures n'était pas perdu à cette époque, qu'Ammien-Marcellin a donné la traduction entière des hiéroglyphes sculptés sur un obélisque de Rome. On peut citer encore l'ouvrage précieux d'Hora-Pollo (1), dont les explications acquièrent chaque jour plus de prix, à mesure que les connaissances sur l'Egypte s'étendent davantage.

Le Zodiaque de Dendérah offre une projection savante, faite dans un système encore suivi de nos jours, et qui nous porte à croire qu'il est l'ouvrage des Eratosthènes, des Hipparques et des autres savans de l'école d'Alexandrie. En effet, il serait absurde de supposer que cette École célèbre aurait négligé d'instruire la postérité de ses découvertes, c'est-à-dire de les faire graver sur les Temples, comme les Ptolémées y faisaient graver

(1) Certains académiciens, tels que M. Biot et autres, prétendent que l'ouvrage d'*Horapollon*, est moderne et peu authentique ; mais nous en démontrerons la haute importance, et dejà nous l'avons fait, pour un de ses chapitres, *celui qui traite du Cynocéphale*, dans une Lettre adressée à M. le Baron de Sacy, et que nous publierons quelque jour. (*P.*)

leurs victoires. C'est ainsi, qu'au rapport de plusieurs auteurs, Ptolémée l'astronome fit sculpter, dans les grottes de la ville de Canope, tous les savans calculs qu'il a consignés dans l'Almageste.

Après avoir renversé le vain échafaudage élevé dans l'intérêt du mensonge, il nous reste à rappeler les divers travaux entrepris dans l'intérêt de la vérité. Ici, notre tâche devient plus facile; il nous suffit de marcher sur les traces d'un jeune savant, dont les Mémoires, non encore publiés, ont déjà reçu une double récompense, puisqu'après avoir été honorés du précieux suffrage de M. Delambre, ils ont été cités avec éloge, dans un ouvrage qui doit durer autant que la langue : la belle Préface des *Recherches sur les ossemens fossiles*, de M. Cuvier.

Le premier fait qui nous ait frappé, en écoutant M. de Paravey, c'est que la plupart des profonds docteurs qui ont traité la question, dans le dessein de détruire la chronologie de la Bible, ne s'étaient pas même donné la peine de consulter le monument dont ils faisaient la base de leur système. Non-seulement cette étude devait précéder toutes les autres; mais après avoir reconnu ces Constellations, dont les figures bizarres diffèrent essentiellement de celles des Grecs, il fallait encore établir des comparaisons entre les noms donnés aux étoiles chez les Arabes, les Hindous, les Mongols, les Japonais et les Grecs. La connaissance préliminaire de toutes ces langues était donc indispensable. Ce sont ces études, aussi longues que pénibles, qu'un jeune officier du génie, M. de Paravey, a osé entreprendre; elles lui ont donné des identités surprenantes, et qui semblent décider la question.

Cet immense travail devant être imprimé, nous nous bornerons à rappeler quelques-uns de ses résultats. Le plus heureux sans doute est d'avoir trouvé l'explication de la plupart des constellations du Zodiaque de Denderah, à l'aide de la Sphère usitée encore aujourd'hui au Japon. Mais une découverte non moins digne de l'attention des savans, c'est la double analogie que M. de Paravey a signalée entre les quatre divisions principales du Planisphère de Denderah et celles du globe de l'atlas Farnèse à Rome, et du Zodiaque sculpté au plafond du Temple de Palmyre, temple qu'on attribue aux Antonins. Dans ces trois monumens de la science des anciens, ainsi que dans une foule de Gemmes et de pierres gravées de la même époque, la ligne des solstices passe entre le Cancer et les Gémeaux, et la ligne des équinoxes entre le Bélier et les Poissons, ce qui, d'après les calculs astronomiques, porterait la construction du Zodiaque de Denderah, soit au temps des Lagides et d'Hipparque, comme nous l'avons établi il y a un instant, soit vers le règne de Tibère, comme le pense M. de Paravey, soit enfin à une époque plus moderne, comme le croyait M. Delambre, d'après les rapprochemens et les démonstrations de M. de Paravey lui-même.

Cette comparaison du Zodiaque de Denderah, avec d'autres Zodiaques dont la date est bien connue, nous paraît sans réplique; elle forme, avec les recherches sur le nom des étoiles chez les différens peuples de l'antiquité, un faisceau de preuves que tous les efforts des sophistes ne sauraient ébranler. *Ces dernières observations surtout ont cela d'important, qu'elles ramènent les peuples à une même origine.* On peut y ajouter la comparaison établie par M. de Humboldt, entre les Mexicains et les anciens Egyptiens. Ces matières sont encore obscures, je le sais; mais tout y frappe d'étonnement, *et c'est déjà un fait assez digne de méditations, que les deux Mondes soient pour ainsi dire réunis par une chaîne d'hiéroglyphes, qui renferment peut-être l'histoire du genre humain!*

C'est ainsi qu'au milieu de toutes nos discussions savantes, la Bible vient toujours se placer, comme l'explication la plus naturelle de l'univers. Nos adversaires ne peuvent nous attaquer, sans que, des recherches auxquelles ils nous obligent pour leur répondre, il ne sorte une lumière brillante qui, en se réfléchissant sur les pages sublimes de l'Ecriture, nous y fait lire des vérités éternelles comme l'esprit qui l'inspira!

Il n'est point inutile d'observer que M. de Paravey est encore dans un âge dont on n'attend pas ordinairement des méditations si sérieuses. Il se distingue par un vaste savoir, acquis sans doute par de longues veilles : il est vieux d'études et jeune d'âge, et la vérité qui l'inspire semble avoir écarté de ses pas les épines qui hérissent les chemins de l'érudition.

Honneur donc soit rendu à cette jeunesse, je ne dis pas *agissante et pensante*, je dis studieuse et religieuse! Celle-là n'aura d'autre ambition que de renverser le mensonge, et non de le servir; d'obéir aux lois, et non de les braver : elle n'appellera pas la révolte un devoir, la rébellion une vertu, l'impiété une force d'esprit. Jamais on ne la verra sur la place publique agiter des armes menaçantes, poursuivre les ministres de la religion jusque dans l'enceinte des temples, aspirer à l'honneur de lutter avec des gendarmes ou d'insulter un professeur; mais, dans le silence du cabinet, elle méditera de nobles pensées pour concilier les cœurs, éclairer les esprits, adoucir les passions; elle illustrera la Patrie enfin, par d'utiles travaux qui donnent toujours le bonheur, lors même qu'ils ne donnent pas la gloire!

Les questions élevées sur le Zodiaque de Denderah sont si importantes, qu'elles nous ont fait oublier l'ouvrage d'Egypte, dont les livraisons se succèdent toujours avec rapidité. Chacun peut admirer ce beau monument élevé à la gloire des nations antiques, et qui sera un titre de la nôtre devant la postérité. Je me plais à rendre cette justice à M. Panckoucke, qu'il remplit tous ses engagemens avec une religieuse ponctualité; mais il serait digne de lui de faire plus encore, en publiant à la suite du grand ouvrage, le précieux travail de M. de Paravey. Cette publication nous paraît d'autant plus nécessaire(1), qu'elle dédommagerait les souscripteurs de la triste lecture d'un Mémoire de M. Remi-Raige, où toutes les erreurs que nous venons de combattre se trouvent reproduites avec une assurance vraiment incompréhensible. Il est bon de mettre le remède à côté du mal; la sagesse à côté de la folie; il est bon aussi que les lecteurs de M. Rami-Reige connaissent l'état de la question, et surtout que les étrangers ne nous jugent pas sur son Mémoire.

L. Aimé-Martin.

(1) M. Panckoucke, d'après les conseils de certains Académiciens dont le nom nous est parfaitement connu, s'est bien gardé d'imprimer à la suite de sa nouvelle édition de l'ouvrage sur l'Egypte, nos Mémoires encore inédits. Son but, en sollicitant cette réimpression, était sans doute de donner une digne suite aux articles de Diderot et de d'Alembert, publiés dans l'*Encyclopédie* qui porte son nom. Et, chose remarquable, ce sont les ministres de cette Restauration sous laquelle on prétendait rétablir la Religion, qui lui ont fourni les moyens de faire cette nouvelle publication d'un ouvrage où la Bible est fort peu respectée, lorsque que ces mêmes ministres refusaient d'aider en rien, la publication de nos Écrits, tant avec l'absurde système de centralisation, suivi à cette époque, on savait ce que l'on faisait! (*P.*)

Paris, 1835.

www.ingramcontent.com/pod-product-compliance
Lightning Source LLC
LaVergne TN
LVHW052024160826
845678LV00003B/1192

* 9 7 8 2 3 2 9 6 2 8 2 6 4 *